BEI GRIN MACHT SIC
WISSEN BEZAHLT

- Wir veröffentlichen Ihre Hausarbeit,
  Bachelor- und Masterarbeit

- Ihr eigenes eBook und Buch -
  weltweit in allen wichtigen Shops

- Verdienen Sie an jedem Verkauf

Jetzt bei www.GRIN.com hochladen
und kostenlos publizieren

Bibliografische Information der Deutschen Nationalbibliothek:

Die Deutsche Bibliothek verzeichnet diese Publikation in der Deutschen National-
bibliografie; detaillierte bibliografische Daten sind im Internet über http://dnb.d-
nb.de/ abrufbar.

Impressum:

Copyright © 2010 GRIN Verlag, Open Publishing GmbH
Druck und Bindung: Books on Demand GmbH, Norderstedt Germany
ISBN: 9783640568215

Dieses Buch bei GRIN:

http://www.grin.com/de/e-book/147220/von-der-motivationstheorie-zur-motivati-
onspraxis

Alexander Walter

Von der Motivationstheorie zur Motivationspraxis

GRIN Verlag

GRIN - Your knowledge has value

Der GRIN Verlag publiziert seit 1998 wissenschaftliche Arbeiten von Studenten, Hochschullehrern und anderen Akademikern als eBook und gedrucktes Buch. Die Verlagswebsite www.grin.com ist die ideale Plattform zur Veröffentlichung von Hausarbeiten, Abschlussarbeiten, wissenschaftlichen Aufsätzen, Dissertationen und Fachbüchern.

Besuchen Sie uns im Internet:

http://www.grin.com/

http://www.facebook.com/grincom

http://www.twitter.com/grin_com

Hamburger Fern-Hochschule

Studiengang Wirtschaftsingenieurwesen (Bachelor)

München

Modul Betriebssoziologie/-psychologie

Hausarbeit zum Thema

Von der Motivationstheorie zur Motivationspraxis

von

Alexander Walter

30.01.2010

Inhaltsverzeichnis

Abkürzungsverzeichnis 3

1 Definition und Abgrenzung 4

  1.1 Motivation 4

  1.2 Organisationspsychologische Betrachtungsweise 4

2 Motivationsmodelle 4

  2.1 Bedürfnishierarchie-Theorie nach Abraham H. Maslow 5

    2.1.1 Beschreibung der Bedürfnishierarchie 5

    2.1.2 Fazit 5

  2.2 E.R.G.-Theorie nach Clayton P. Alderfer 6

    2.2.1 Einteilung in Bedürfnisklassen 6

    2.2.2 Vier Prinzipien und sieben Hauptaussagen 7

    2.2.3 Fazit 7

  2.3 Theorien X und Y von Douglas McGregor 8

    2.3.1 Theorie X 8

    2.3.2 Theorie Y 8

    2.3.3 Fazit 9

  2.4 Zwei-Faktoren-Theorie von Frederick Herzberg 9

    2.4.1 Grundlagen der Theorie 9

    2.4.2 Wirkzusammenhänge 10

    2.4.3 Fazit 10

3 Praxisbeispiel 10

  3.1 Situationsbeschreibung 10

  3.2 Zusammenfassung der Ausgangssituation 14

  3.3 Situationsanalyse unter Berücksichtigung der Motivationstheorien 15

  3.4 Empfehlungen zur Verbesserung 16

    3.4.1 Situationsbezogene Empfehlungen als Sofortmaßnahmen 16

    3.4.2 Allgemeine mittelfristige Handlungsempfehlungen 18

Anlagen 21

Literaturverzeichnis 22

Abkürzungsverzeichnis

Abb.	Abbildung
Aufl.	Auflage
aktual.	aktualisiert(e)
bearb.	bearbeitet(e)
bzw.	beziehungsweise
erw.	erweitert(e)
et al.	et alii/aliae/alia (lat. "und andere")
etc.	et cetera (lat. "und die übrigen")
f.	folgende
ff.	fortfolgende
jmds.	jemandens
lat.	lateinisch
o. g.	oben genannt(e)
o. J.	ohne Jahr
o. Jg.	ohne Jahrgang
s.	siehe
u.	und
u. a.	und andere
überarb.	überarbeitet(e)
unv.	unverändert(e)
usw.	und so weiter
u. U.	unter Umständen
vgl.	vergleiche
vollst.	vollständig
z. B.	zum Beispiel

1 Definition und Abgrenzung

1.1 Motivation

Unter dem Begriff Motivation (von lat. motus, „Bewegung") wird die „Summe der Beweggründe, die jmds. Entscheidung, Handlung beeinflussen" (Wermke 2005: 681) verstanden. „Motivation entsteht aus der Interaktion von Person und Situation. Spezifische überdauernde Persönlichkeitsmerkmale die Motive werden durch die Wahrnehmung bestimmter Situationsbedingungen, die man als Anreize bezeichnet, aktiviert und damit zur Motivation" (Rosenstiel 1975: 226).

Sie ist somit ein Zustand, der das Verhalten (in unserem Fall von Menschen) in eine bestimmte Richtung lenkt, um gewisse Ziele zu erreichen.

Wichtig für die spätere Beschreibung einzelner Motivationsmodelle ist das Verständnis dafür, dass die Motivation vom Bedürfniszustand eines Organismus abhängt und, wie oben bereits erwähnt, in Verbindung mit entsprechenden inneren (intraorganismischen) oder äußeren Reizen steht. Äußere Reize können soziale (interorganismische; beim Menschen: interpersonelle) Signale, aber auch Merkmale unbelebter Objekte sein (vgl. Wikipedia „Motivation" 2009).

1.2 Organisationspsychologische Betrachtungsweise

Im Zuge dieser Abhandlung soll speziell die organisationspsychologische Betrachtung des Begriffes Motivation im Vordergrund stehen. Unter diesem Gesichtspunkt kann die o. g. Definition weiter spezifiziert werden: „Motivation ist die Bereitschaft, eine besondere Anstrengung zur Erfüllung der Organisationsziele auszuüben, wobei die Anstrengung die Befriedigung individueller Bedürfnisse ermöglicht" (Strunz o. J.: 41). Unter den individuellen Bedürfnissen sind jedoch nicht nur materielle Bedürfnisse (z. B. in Form von Gehalts-/Lohnzahlungen) zu verstehen, sondern darüber hinaus auch Bedürfnisse immaterieller Art (z. B. Anerkennung, gesellschaftliches Prestige, etc.).

2 Motivationsmodelle

Die Vielzahl an Inhalts- und Prozessmodellen im Bereich der Motivationstheorien bedingt zwingend eine Auswahl. Nachfolgend sollen daher nur folgende Theorien betrachtet werden: Aus dem Bereich der humanistischen Psychologie die Bedürfnishierarchie-Theorie nach Abraham H. Maslow und die E.R.G.-Theorie nach Clayton

P. Alderfer, aus der Arbeitspsychologie die Theorien X und Y von Douglas McGregor und die Zwei-Faktoren-Theorie von Frederick Herzberg.

2.1 Bedürfnishierarchie-Theorie nach Abraham H. Maslow

2.1.1 Beschreibung der Bedürfnishierarchie

Die Maslowsche Bedürfnishierarchie, oft auch als Bedürfnispyramide bezeichnet, ist die wohl bekannteste Theorie der letzten Jahrzehnte. Maslow legt die Annahme zugrunde, dass Menschen durch Ihre Bedürfnisse motivierbar sind. Menschliche Bedürfnisse wiederum können hierarchisch nach ihrer relativen Dringlichkeit angeordnet werden. Erst wenn die Bedürfnisse einer Stufe weitestgehend erfüllt sind, wird die Erfüllung des nächsthöheren Bedürfnisses angestrebt werden. Daraus entstand die Bedürfnishierarchie mit ihren fünf Stufen (s. Anlagen, Abb. 1).

- Die *physiologischen Bedürfnisse* sind Grundbedürfnisse, die der Selbsterhaltung dienen (z. B. Essen, Trinken).
- *Sicherheitsbedürfnisse* umfassen alle Bedürfnisse, die auf den Schutz vor physischen, psychischen und ökonomischen Gefahren gerichtet sind (z. B. Geborgenheit, Gesetze, Arbeitsplatzsicherheit).
- Unter *Bedürfnisse nach Zugehörigkeit und Liebe* (auch „soziale Bedürfnisse") wird der Kontakt und die Zuwendung in Bezug auf andere Menschen verstanden (z. B. Gruppenzugehörigkeit, Liebe).
- *Bedürfnisse nach Achtung* (auch Wertschätzungsbedürfnisse) beinhalten das Streben nach Selbstbestätigung und das Bedürfnis nach Achtung und Anerkennung durch andere Menschen (z. B. persönlicher Erfolg, Status).
- Bei den *Bedürfnissen nach Selbstverwirklichung* handelt es sich um den Wunsch der persönlichen Entfaltung und Weiterentwicklung (z. B. Ausschöpfen der eigenen Möglichkeiten und Fähigkeiten) (vgl. Maslow 1989: 62 ff.).

2.1.2 Fazit

Aufgrund ihrer einfachen und leicht verständlichen Logik hat die Bedürfnis-Hierarchie-Theorie in der Praxis eine breite Anerkennung gefunden. Jedoch ist dabei zu beachten, dass die Maslowsche Theorie, so wie auch andere Theorien der humanistischen Psychologie, kaum überprüfbare Hypothesen und wenig experimentelle Forschung hervorgebracht haben (vgl. Weiner 1994: 340). „Bedingt dadurch gewinnen jene Ansätze gegenüber der Theorie Maslows an Bedeutung, die leichter zu operationalisieren und somit besser zu testen sind" (Rosenstiel 2007: 403). Des Weiteren konnte eine Klassifizierung und Abgrenzung in fünf Klassen in empirischen Studien nicht bestätigt werden (vgl. Neuberger 1974: 109 f.).

2.2 E.R.G.-Theorie nach Clayton P. Alderfer

2.2.1 Einteilung in Bedürfnisklassen

Die E.R.G.-Theorie, als weiterer Ansatz aus der humanistischen Psychologie, stellt einerseits eine Weiterentwicklung der Schlüsselideen von Maslow dar, andererseits aber auch eine Alternative dazu (vgl. Alderfer 1972: 2). Sie unterscheidet folgende Bedürfnisklassen:

- **E**xistence needs (Existenzbedürfnisse),
- **R**elatedness needs (Beziehungsbedürfnisse) und
- **G**rowth needs (Wachstumsbedürfnisse)

Existence needs umfassen physiologische, finanzielle und nichtfinanzielle Be- bzw. Entlohnungen sowie die Arbeitsbedingungen. Markant für diese Bedürfnisse ist, dass sie unter Personen aufgeteilt werden können, so dass der Gewinn einer Person (oder Gruppe) einen Verlust für eine andere darstellt, wenn die Ressourcen limitiert sind. Dies ist z. B. bei einer Gehaltsentscheidung so: Wird z. B. die Gehaltsentscheidung getroffen für eine Gruppe oder Person mehr zu zahlen, verringert dies die Chancen anderer Personen bzw. Gruppen auch eine Gehaltserhöhung zu erhalten (vgl. Alderfer 1972: 9).

Relatedness needs hingegen umfassen die Bereiche „soziale Bedürfnisse" und „Wertschätzungsbedürfnisse" aus der Maslowschen Bedürfnishierarchie. Die Besonderheit dabei liegt darin, dass deren Befriedigung auf einem Prozess des Teilens oder der Gegenseitigkeit beruht (z. B. das gegenseitige Teilen von Gedanken oder Gefühlen). Akzeptanz, Bestätigung, Verständnis und Beeinflussung sind klassische Elemente des Beziehungsprozesses (vgl. Alderfer 1972: 10).

Das Streben des Menschen nach Selbstverwirklichung und Produktivität für sich selbst oder seine Umwelt findet sich schließlich in den *Growth needs* wieder. Die

Befriedigung dieser Wachstumsbedürfnisse tritt vor allem dann ein, wenn eine Person sich der Herausforderung eines Problems stellt und es für sich zu Nutze macht, um sich damit weiter zu entwickeln (vgl. Alderfer 1972: 11).

2.2.2 Vier Prinzipien und sieben Hauptaussagen

Alderfer geht dabei von vier Prinzipien aus:

> „P1 **Frustrations-Hypothese:** Ein nicht-befriedigtes Bedürfnis wird dominant.
>
> P2 **Frustrations-Regressions-Hypothese:** Wird ein Bedürfnis nicht befriedigt, so wird das hierarchisch niedrigere (oder entwicklungsgeschichtlich frühere) Bedürfnis dominant.
>
> P3 **Befriedigungs-Progressions-Hypothese:** Durch die Befriedigung eines Bedürfnisses wird das hierarchisch höhere (oder entwicklungsgeschichtlich spätere) aktiviert.
>
> P4 **Frustrations-Progressions-Hypothese:** Frustration eines Bedürfnisses kann zur Persönlichkeitsentwicklung beitragen und auch höhere Bedürfnisse aktivieren bzw. zu höheren Anspruchsniveaus führen" (Rosenstiel 2007: 405).

Aus diesen vier Prinzipien leitet Alderfer die folgenden sieben Hauptaussagen ab:

> „P1. The less existence needs are satisfied, the more they will be desired.
>
> P2. The less relatedness needs are satisfied, the more existence needs will be desired.
>
> P3. The more existence needs are satisfied, the more relatedness needs will be desired.
>
> P4. The less relatedness needs are satisfied, the more they will be desired.
>
> P5. The less growth needs are satisfied, the more relatedness needs will be desired.
>
> P6. The more relatedness needs are satisfied, the more growth needs will be desired.
>
> P7. The more growth needs are satisfied, the more they will be desired" (Alderfer 1972: 13).

Daraus ergibt sich wiederum die im Anhang, Abbildung 2 dargestellte Dynamik.

2.2.3 Fazit

„Obwohl zur ERG-Theorie eine Reihe empirischer Studien vorliegen und sie als empirisch besser gestützt, als die von Maslow gelten darf, hat sie insgesamt wenig nachhaltige Resonanz gefunden" (Rosenstiel 2007: 405). Aufgrund ihrer Dynamik kann sie Wechselwirkungen zwischen verschiedenen Bedürfnissen weitaus umfassender berücksichtigen als dies die Theorie von Maslow kann. Individuelle Unterschiede in den Bedürfnissen von Mitarbeitern sowie die Auswirkungen von Bedürfnisbefriedigung bzw. -frustration können damit besser erklärt werden. Außerdem lässt sie Bedürfnisse aus verschiedenen Ebenen gleichzeitig zu (vgl. Jost 2008: 31).

2.3 Theorien X und Y von Douglas McGregor

McGregor stellte die Theorie von zwei möglichen Annahmen über den Menschen in Organisationen auf. Die Theorie X als Grundlage der traditionell-hierarchischen Betriebsführung und die Theorie Y als Verschmelzung der individuellen Ziele der Mitarbeiter mit den Belangen des Unternehmens (vgl. McGregor 1973: 47; 59).

2.3.1 Theorie X

Die Theorie X geht von einer negativ dominierten Einstellung gegenüber dem arbeitenden Menschen aus:

„Der Durchschnittsmensch hat eine angeborene Abneigung gegen Arbeit und versucht, ihr aus dem Weg zu gehen, wo er kann. ... [Daher] muß[!] er zumeist gezwungen, gelenkt, geführt und mit Strafe bedroht werden, um ... das vom Unternehmen gesetzte Soll zu erreichen. ... [Er] zieht es vor, an die Hand genommen zu werden, möchte sich vor der Verantwortung drücken, besitzt verhältnismäßig wenig Ehrgeiz und ist vor allem auf Sicherheit aus" (McGregor 1973: 47 f.).

McGregor lehnte jedoch diese Einstellung ab, und bevorzugte die Alternative Theorie Y, auf die er auch in seinem Buch „The Human Side of Enterprise" (dt. „Der Mensch im Unternehmen") ausführlicher eingeht.

2.3.2 Theorie Y

Die Theorie Y geht von einem engagierten Menschen in der Organisation aus:

„Dem Durchschnittsmenschen ist Arbeitsscheu nicht angeboren. Je nach den beeinflußbaren[!] Bedingungen kann Arbeit zum Born der Befriedigung ... oder als Strafe hingenommen ... werden. ... Zugunsten von Zielen, denen er sich verpflichtet fühlt, wird sich der Mensch der Selbstdisziplin und Selbstkontrolle unterwerfen. .. Wie sehr er sich Zielen verpflichtet fühlt, ist eine Funktion der Belohnungen, die mit ihrem Erreichen verbunden sind. ... Die Anlage zu einem verhältnismäßig hohen Grad von Vorstellungskraft, Urteilsvermögen und Erfindungsgabe für die Lösung organisatorischer Probleme ist in der Bevölkerung weit verbreitet ..." (McGregor 1973: 61 f.).

Die wichtigsten Anreize zur Arbeit sind somit, nach Ansicht von McGregor, die von Maslow formulierten Bedürfnisse höherer Ordnung (während die Theorie X die Bedürfnisse niederer Ordnung in den Vordergrund stellt).

Wenn der Mensch nur eine entsprechende Motivation erfährt, ist er eher bereit sich mit der Organisation zu identifizieren, und sich auch für deren Belange einzusetzen, was wiederum die Notwendigkeit von externen Kontrollen verringert. Diese Motivation kann z. B. durch eine Ausweitung der Verantwortung, mehr Selbstbestimmung, Förderung von Eigeninitiative, usw. erreicht werden.

2.3.3 Fazit

Es ist naheliegend anzunehmen, dass diese Auffassungen vom Menschen den Führungsstil eines Managers prägen und dabei zur sich selbst erfüllenden Prophezeiung werden. Empirische Studien ergaben jedoch eine sehr viel größere Vielfalt und erhebliche Differenzierungen (vgl. Rostenstil 2007: 12 f.). In der Praxis hat sich jedoch die Einstellung im Sinne der Theorie Y weitgehend durchgesetzt.

2.4 Zwei-Faktoren-Theorie von Frederick Herzberg

2.4.1 Grundlagen der Theorie

Neben Maslows Theorie hat die Zwei-Faktoren-Theorie von Herzberg die wohl größte Popularität in der Arbeits- und Organisationspsychologie erreicht. Ziel war es, zu untersuchen, welche Arbeitsbedingungen bei Mitarbeitern Zufriedenheit, bzw. Unzufriedenheit mit ihrer Arbeit hervorrufen (vgl. Jost 2008: 31). Nach Herzbergs Theorie werden die Einflüsse auf die Bedürfnisse von Mitarbeitern in zwei Klassen eingeteilt:

- *Hygienefaktoren:* Beispiele hierfür sind gute Arbeitsplatzbedingungen, Arbeitsplatzsicherheit oder das Streben nach Bezahlung. Diese stehen in Zusammenhang mit der Vermeidung von Unzufriedenheit. Werden sie befriedigt, führen sie nicht zwangsläufig zu einer Zufriedenheit des Mitarbeiters. Es kann damit lediglich die Unzufriedenheit verhindert werden (vgl. Herzberg 1967: 113 ff.). Die ihnen zugrundeliegenden Faktoren werden auch als extrinsische Faktoren bezeichnet, da diese auf äußere Umstände zurückzuführen sind.

- *Motivatoren:* Hier kann das Streben nach Leistung, Anerkennung oder Beförderung als Beispiel genannt werden. Sie stellen Entfaltungsbedürfnisse eines Mitarbeiters dar. Werden sie erfüllt, bewirken sie eine Zufriedenheit des Mitarbeiters, sind sie negativ geprägt, führen sie jedoch nicht zwangsläufig zur Unzufriedenheit (vgl. Herzberg 1967: 114 ff.). Die zugrundeliegenden Faktoren werden auch als intrinsische Faktoren bezeichnet, da sie nur durch den Inhalt der Arbeit erfüllt werden.

2.4.2 Wirkzusammenhänge

Es ergeben sich somit zwei unabhängige Wirkzusammenhänge: Ein Mitarbeiter kann die Befriedigung beider Klassen gleichzeitig suchen. Es besteht jedoch keine kompensatorische Wirkung zwischen den beiden Faktoren (vgl. Jost 2008: 32). (S. Anhang, Abb. 3)

2.4.3 Fazit

Als Fazit ist zu erwähnen, dass diese Theorie als leicht verständlich und plausibel angesehen werden kann, und dass Untersuchungen zur Theorie auch für Nichtpsychologen leicht durchzuführen sind, weshalb die empirische Basis inzwischen sehr breit ist (vgl. Rosenstiel 2007: 88).

Ein Problem ist die Generalisierbarkeit. Die Daten basieren nur auf zwei Berufsgruppen (Ingenieure und Buchhalter), so dass diese nur als begrenzt gültig angesehen werden können. Herzberg trennt *Zufriedenheit* und *Unzufriedenheit* außerdem in zwei verschiedene Dimensionen. Einige Faktoren können jedoch beide Dimensionen beeinflussen (vgl. Weinert 2004: 198). Der Vorteil der Einfachheit dieser Theorie wird somit teilweise dadurch getrübt, dass diese noch einige Fragen offen lässt.

3 Praxisbeispiel

3.1 Situationsbeschreibung

Beschrieben wird die Arbeitssituation von Frau Netter. Die Situation ist real, jedoch wurden sämtliche Namen geändert.

Frau Netter begann ihre Ausbildung bei Firma Farben Müller als Industriekauffrau. Aufgrund der wirtschaftlichen Lage, musste die Firma Farben Müller jedoch kurz nach dem ersten Ausbildungsjahr von Frau Netter Insolvenz anmelden. Kurz darauf bekam sie von der Firma Kenma AG, ein großer internationaler Mischkonzern, der seine deutsche Hauptniederlassung in Wohnortnähe von Frau Netter unterhielt, das Angebot, die Ausbildung dort fortzusetzen. Dies nahm Frau Netter dankbar an.

Die verbleibenden eineinhalb Ausbildungsjahre verliefen für Frau Netter reibungslos. Die gewonnen Einblicke in die Arbeitsplätze verschiedenster Abteilungen eines Großkonzerns motivierten Frau Netter zunehmend, da Firma Kenma AG eine flexible

Arbeitszeitgestaltung zuließ, gute Sozialleistungen und Übernahmemöglichkeiten bot.

Nach Abschluss der Ausbildung im Jahr 2005 erhielt sie das erhoffte Übernahmeangebot mit einem Entgelt von 1.600,00 €, was der Standardsatz für übernommene Auszubildende war.

Frau Netter trat den unbefristeten Arbeitsplatz zunächst mit hoher Motivation an, da er ihr eine hohe Herausforderung und Abwechslung bot.

Zunächst wurden ihre Erwartungen auch erfüllt. Frau Netter fand sich in ihrem Team gut zurecht, und entwickelte in kurzer Zeit ein gutes Verhältnis zu ihren Kolleginnen und Kollegen. Sie schätzte das selbständige Arbeiten, was durch einen eigenen verantwortungsvollen Zuständigkeitsbereich gewährleistet wurde, durfte interne und externe Fortbildungen besuchen und wurde diesbezüglich stark durch ihre Vorgesetzten gefördert. Des Weiteren erhielt sie regelmäßig vorwiegend positive Feedbacks durch die Abteilungsleiterin, Frau Zettel und ihrem Teamleiter, Herrn Wilhelm.

Nach etwa einem Jahr kam es jedoch zum Bruch der Situation durch einen rapiden Stimmungswechsel in der Abteilung. Die Gründe dafür können wie folgt beschrieben werden:

Herr Lehmann, ein älterer Mitarbeiter der, wie Herr Wilhelm auch, an Frau Zettel berichtete, war zuständig für einen eigenständigen Aufgabenbereich. Frau Netter stand in einem sehr guten kollegialen Verhältnis zu Herrn Lehmann.

Im Rahmen eines regulären Meetings beschloss jedoch die Geschäftsführung der Kenma AG, die Tätigkeiten in einem Teilbereich der Zuständigkeiten des Herrn Lehmann einzustellen. Dieser weggefallene Teilbereich umfasste ca. 50 % der Zuständigkeiten des Herrn Lehmann.

Aufgrund knapper Ressourcen im Bereich des Teams von Frau Netter und Herrn Wilhelms sollten nach dem Willen von Frau Zettel die nun freigewordenen Ressourcen des Herrn Lehmann dort unterstützend wirken.

Herr Lehmann war nun zuständig für zwei Bereiche, die untereinander keinen Zusammenhang aufwiesen. Da die neu hinzugekommene Tätigkeit bisher in der Zuständigkeit von Herrn Wilhelm lag, entschloss sich Frau Zettel und die Geschäftsleitung dazu, Herrn Lehmann nicht mehr an Frau Zettel direkt berichten zu lassen, sondern ihn zukünftig zu 50 % an den, im Vergleich zu Herrn Lehmann wesentlich jüngeren Herrn Wilhelm, und zu 50 % an einen weiteren Abteilungsleiter außerhalb des Zuständigkeitsbereiches von Frau Zettel berichten zu lassen.

Dadurch „rutschte" Herr Lehmann in einem Teilbereich eine Hierarchieebene nach unten.

Um kontrollieren zu können, dass Herr Lehmann sich nicht nur um seinen verbliebenen Bereich, sondern auch zur Hälfte um seinen neuen Bereich kümmert, verlangte Frau Zettel, dass Herr Lehmann sich für die Arbeit im den neuen Bereich in das Büro von Herrn Wilhelm und Frau Netter setzt. Für Tätigkeiten, die den zweiten Bereich betreffen, sollte er an seinem alten Arbeitsplatz bleiben. Dies brachte einen ständigen Wechsel zwischen den beiden Arbeitsplätzen mit sich.

Die Faktoren „ständiger Bürowechsel", „zwei Vorgesetzte", „neuer Vorgesetzter jetzt eine Hierarchieebene tiefer als Frau Zettel" und „neuer Vorgesetzter wesentlich jünger als er selbst" erhöhten die Frustration des älteren Arbeitnehmers Herrn Lehmann rapide, bis hin zu einer sehr negativen Einstellung zu der Firma als Ganzes, Frau Zettel und teilweise Herrn Wilhelm.

Die abwehrende Reaktion des Herrn Lehmann auf die neuen Umstände veranlasste Frau Zettel zu einem distanzierteren Verhältnis zu Herrn Lehmann. Zusätzliche private Unstimmigkeiten zwischen dem Teamleiter Herrn Wilhelm und dessen Vorgesetzte Frau Zettel, führten ebenfalls zu einem kritischeren und distanzierteren Verhältnis auf dieser Ebene.

Es kam zu einer vermehrten Auflösung der sozialen Beziehungen in der Abteilung.

Die Stimmung des Herrn Lehmann übertrug sich schnell auf das Team des Herrn Wilhelm und somit auch auf Frau Netter, die, wie eingangs erwähnt, ein gutes kollegiales und freundschaftliches Verhältnis zu Herrn Lehmann hatte. Das distanziertere Verhältnis, der Stimmungswechsel und die Pufferfunktion des Herrn Wilhelm, der zwischen dem Team und der Abteilungsleitung stand, erhöhten die Frustration des Herrn Wilhelm ebenfalls, was sich zusätzlich verstärkend auf eine negative Stimmung im Team übertrug.

Nachdem Weggang des Herrn Lehmann aufgrund seiner Kündigung, verbesserte sich die Stimmung in der Abteilung und speziell in diesem Team wieder etwas.

Um beruflich weiter zu kommen entschloss sich Frau Netter zu einer Weiterbildung zum Wirtschaftsfachwirt. Um den Arbeitsplatz behalten zu können und keine Einbußen im Verdienst zu haben, wollte sie das Ziel durch Abendkurse erreichen. Zwei Jahre später schloss sie die Weiterbildung mit gutem Erfolg ab. Von Seiten der Abteilung wurde ihr zwar zum Abschluss gratuliert, jedoch wurde die Fortbildung weiter nicht gewürdigt.

Während der Weiterbildungszeit von Frau Netter kam es auch zu größeren Änderungen bei ihrem Arbeitgeber: Der Mutterkonzern der Kenma AG beschloss die Sparte in der Frau Netter tätig war, also ca. ¼ des Gesamtkonzerns, ab zu splitten, um diese zukünftig eigenständig am Aktienmarkt auftreten zu lassen. Dies führte zu einer Umfirmierung der Sparte in MedProd AG und zu größeren Umstrukturierungen, die sich auch auf die Niederlassung von Frau Netter auswirkten. Zum Beispiel wurden die Abteilungen Finance und Customer Service in den einzelnen Niederlassungen aufgelöst und Europaweit zentralisiert. Dadurch fielen ca. 100 Arbeitsplätze in der Niederlassung von Frau Netter weg. Dies verunsicherte Frau Netter sehr, und führte zur Angst um den Arbeitsplatz, da sie auch in den Sozialplan fiel. Eine Abteilungsinterne Umstrukturierung ließ sie nun an Frau Zettel berichten.

Frau Netter machte ihre Arbeit sehr gut und selbständig, erhielt aber auch unter dem Jahr, abgesehen von der jährlichen Personalbeurteilung, keine weiteren Feedbacks und Lob. Auch wurden ihr keine größeren Gehaltssteigerungen in Aussicht gestellt, obwohl sie nun einen verantwortungsvolleren Bereich betreute, sich stark für die Firma einsetzte, und sich durch die Weiterbildungen höher qualifiziert hatte. So verdiente Frau Netter fünf Jahre nach ihrer Ausbildung und einige Zeit nach der Weiterbildung noch immer nur ca. 1.950 €. Dies ließ die Arbeitsmotivation weiter sinken.

Hoffnung auf Verbesserung der Situation ergab sich dadurch, dass Frau Netter von einer anderen Abteilung angesprochen wurde, ob sie Interesse an einer freigewordenen Stelle hätte. Daraufhin bewarb sie sich intern in der Hoffnung auf einen möglichen internen Stellenwechsel. Trotzdem noch keine Entscheidung getroffen war, welcher Bewerber die offene Stelle nun nachbesetzen soll, verlangte die Personalabteilung von Frau Netter die Offenlegung der internen Bewerbung gegenüber Frau Zettel. Sollte sie sich weigern dies offen zu legen, werde die Personalabteilung selbst mit Frau Zettel sprechen. Nach dem Frau Netter nun ihre Vorgesetzte informiert hatte, erhielt sie wenige Tage darauf eine Absage auf die neue Stelle. Frau Netter war diese Situation gegenüber Frau Zettel nun besonders peinlich.

Aufgrund dieser Umstände und der fehlenden Aussicht auf zukünftige Verbesserung der Arbeits- und Gehaltssituation, sah Frau Netter sich dazu gezwungen, sich extern zu bewerben. Eine interne Bewerbung kam für sie aufgrund der Erfahrungen aus der vorangegangenen Situation nicht mehr in Frage.

3.2 Zusammenfassung der Ausgangssituation

Zusammenfassend kann die Situation folgendermaßen beschrieben werden:

- Frau Netter tritt ihre erste Stelle nach der Ausbildung hochmotiviert an.
- Sie entwickelt eine hohe Arbeitsmotivation, fühlt sich im Team wohl, und ist Leistungsorientiert.
- Durch eine weitere Person aus ihrem Team, die sich schlecht behandelt fühlt, wird sie stark beeinflusst und wechselt nun ihre Einstellungen zu ihren Vorgesetzten ins Negative, was ihre Motivation stark sinken ließ.
- Später entspannte sich die Situation im Team etwas. Sie schloss eine nebenberufliche Weiterbildung ab, was jedoch nicht honoriert wurde.
- Die unsichere Arbeitsplatzsituation schürte nun die Angst die Stelle zu verlieren.
- Auch einige Zeit nach dem Abschluss ihrer Fortbildung konnte sie noch immer keine Verbesserung feststellen.
- Eine interne Bewerbung musste sie, aufgrund der Personalpolitik ihrer Firma, ihrer Vorgesetzten mitteilen, was sie in eine ihr sehr unangenehme Situation versetzte.
- Aufgrund der für sie aussichtslos aussehenden Situation begann Frau Netter sich extern zu bewerben.

3.3 Situationsanalyse unter Berücksichtigung der Motivationstheorien

Nach der Theorie von Maslow wurden Frau Netters Bedürfnisse nach Zugehörigkeit, Achtung und Selbstverwirklichung anfänglich in Bezug auf den Arbeitsplatz weitestgehend befriedigt. Nach und nach wurden jedoch die Zugehörigkeitsbedürfnisse und später Sicherheitsbedürfnisse dominant. Um den zu entgegnen entschloss sie sich zu einer Weiterbildung, was jedoch nicht zu dem gewünschten Ziel führte. Diese Enttäuschung und zusätzliche Faktoren, wie z. B. die Umstrukturierungsmaßnahmen ließen das Bedürfnis nach Sicherheit immer stärker werden, wodurch andere Bedürfnisse in den Hintergrund rückten und die Arbeitsmotivation sich in einen inneren Druck wandelte, der schließlich im Höhepunkt zu dem Entschluss führte, dieses Bedürfnis nur noch durch einen Arbeitgeberwechsel befriedigen zu können.

Im Sinne der E.R.G.-Theorie betrachtet, griff in der oben beschriebenen Situation die Frustrations-Regressions-Hypothese und die ursprünglich dominanten Wachstumsbedürfnisse wurden durch die Beziehungs- und Existenzbedürfnisse verdrängt. Letztlich griff die Hauptaussage P2 Alderfers, so dass aufgrund der fehlenden Befriedigung von Beziehungsbedürfnissen die Existenzbedürfnisse überhandnahmen, was bei Frau Netter wiederum zum bekannten Resultat führte.

Aufgrund der diversen Vorkommnisse entwickelte sich zusätzlich auf Abteilungsleitungsebene eine Führungsmentalität, die teilweise eher die Theorie X von McGregor wiederspiegelte, als dessen modernere und zu bevorzugende Auffassung nach der Theorie Y. Dies wurde vor allem durch die sich im Team einstellende Frustration gefördert und äußerte sich z. B. durch die soziale Distanziertheit, dem neuen Umgangston in der Abteilung, den fehlenden Feedbackgesprächen und den fehlenden Gehaltssteigerungen. Als zusätzliche Faktoren führten diese Umstände zur weiteren Demotivation von Frau Netter.

Wird die Situation im Sinne der Herzbergschen Zwei-Faktoren-Theorie betrachtet, so ist schnell ersichtlich, dass beide Faktoren Defizite aufweisen:
Motivatoren führen, wie bereits beschrieben, nicht zwangsläufig zur Unzufriedenheit des Mitarbeiters, bei fehlender Erfüllung der Faktoren jedoch auch nicht zur Zufriedenheit. Frau Netter war zwar zumeist mit ihrer Arbeit und ihren Aufgaben zufrieden,

jedoch waren z. B. die Faktoren Anerkennung und Aufstieg bzw. Beförderung nicht erfüllt. Die Motivatoren können somit insgesamt nur als mittelmäßig erfüllt angesehen werden.

Bei den Hygienefaktoren sind speziell die der angemessene Bezahlung, der zwischenmenschlichen Beziehungen zum Vorgesetzten und zeitweise die der Arbeitsplatzsicherheit betroffen. Bekanntlich führen Hygienefaktoren mit negativer Ausprägung zur Unzufriedenheit des Mitarbeiters, was in diesem Praxisbeispiel auch deutlich zu erkennen ist.

Diese Kombination von mittelmäßiger Erfüllung der Motivatoren und geringer Erfüllung der Hygienefaktoren stellt eine ungünstige Situation dar, die im Praxisbeispiel zu einer unmotivierten Mitarbeiterin mit vielen Problemen und Beschwerden geführt hat.

3.4 Empfehlungen zur Verbesserung

3.4.1 Situationsbezogene Empfehlungen als Sofortmaßnahmen

Es liegt nahe, dass auf diese Situation umgehend reagiert werden muss, um Frau Netter nicht für das Unternehmen zu verlieren, und mit Ihr das entsprechende Knowhow. Dies setzt natürlich voraus, dass der Arbeitgeber eine gewisse Wichtigkeit der Person für dieses Unternehmen erkennt und eingesteht, bzw. sich nicht bewusst aufgrund anderer Intentionen und Zielsetzungen aus der Situation und deren zukünftigem Verlauf heraushält.

Als erste Maßnahme sollte kurzfristig ein Gespräch mit Frau Netter gesucht werden. Hierbei ist es wichtig, dass dem nächst höheren Vorgesetzten die Aufgabe der Gesprächseinberufung und Gesprächsleitung (ggf. mit Einbeziehung der Personalabteilung) zukommt. Damit soll gegenüber der Mitarbeiterin die Wichtigkeit und Ernsthaftigkeit des Gespräches demonstriert werden.

Inhalt sollte sein, sich mit den Bedürfnissen und Beweggründen von Frau Netter bewusst auseinander zu setzen und Ansatzpunkte zu finden, um Frau Netter dazu zu motivieren, sich weiterhin für das Unternehmen einzusetzen.

Wenn es die Unternehmenssituation zulässt, sollte während des Gespräches auch die Arbeitsplatzsicherheit unterstrichen werden. Dies dient der Befriedigung der Sicherheitsbedürfnisse.

Auch ist es an dieser Stelle u. U. sinnvoll, Fehler offen einzugestehen (z. B. Füh-rungsfehler und/oder Fehler im Umgang mit internen Bewerbern gegenüber der bis-herigen Fachabteilung), um das Vertrauen von Frau Netter in die Unternehmung wieder zu erlangen.

Auf Basis der Gesprächsergebnisse müssen dann zwingend Maßnahmen ergriffen werden, die sich zum Einen direkt auf die Bedürfnisse von Frau Netter beziehen, zum Anderen aber auch auf andere Personen und die Niederlassung als Ganzes. Zweites soll unter Kapitel 3.4.2 näher erörtert werden.

Konkret sollen mit den Maßnahmen in Bezug auf Frau Netter folgende Ziele erreicht werden:

- Bessere Befriedigung der Sicherheits-, Zugehörigkeits- und Achtungsbe-dürfnisse im Sinne der Maslowschen Bedürfnishierarchie-Theorie, bzw. der Beziehungs- und Existenzbedürfnisse im Sinne der E.R.G.-Theorie nach Al-derfer. Damit sollen die Wachstumsbedürfnisse (im Sinne der Befriedigungs-Progressions-Hypothese der E.R.G.-Theorie) wieder geweckt werden, was vermutlich zu einer erheblichen Motivationssteigerung führen wird.

- Verringerung der Defizite in der Befriedigung von Hygiene- und Motivations-bedürfnissen im Sinne der Zwei-Faktoren-Theorie von Herzberg. Speziell sollte auf die Motivatoren „Anerkennung und Beförderung", und die Hygiene-faktoren „angemessene Bezahlung, gute zwischenmenschlichen Beziehun-gen und Arbeitsplatzsicherheit" eingewirkt werden. Auch dies soll zur Motiva-tionssteigerung beitragen.

Die oben aufgeführten Ziele sind nicht überschneidungsfrei. Sie können jedoch z. B. durch die nachfolgend beschriebenen Maßnahmen umgesetzt werden:

Die von Frau Netter getätigte Weiterbildung sollte entsprechend honoriert werden. In diesem Fall ist eine Mischung aus monetärer und nicht monetärer Honorierung si-cherlich angebracht. Durch eine Gehaltserhöhung soll der Hygienefaktor „angemes-sene Bezahlung" zu einem Abbau der Unzufriedenheit führen. Eine Beförderung,

Titeländerung oder ähnliches soll wiederum als Motivator die Arbeitszufriedenheit erhöhen.

Eine Aussprache mit Frau Netters Vorgesetzten, Frau Zettel, über die zurückliegenden Ereignisse, die Beweggründe von Frau Zettel und die Versicherung, dass eine interne Bewerbung Abteilungsintern nicht negativ empfunden wird, soll dazu führen, dass Zugehörigkeits- und Achtungsbedürfnisse (siehe Kapitel 2.1) bzw. Beziehungsbedürfnisse (siehe Kapitel 2.2) besser befriedigt werden.

Des Weiteren ist es sinnvoll, von Seiten der Personalabteilung Frau Netter pro aktiv geeignete interne Stellen anzubieten, um ihr die Möglichkeit zu geben sich intern weiter zu verbessern und den Vorteil zu nutzen, dass Know-how im Unternehmen zu halten. Damit würden die Sicherheits- bzw. Existenzbedürfnisse (Maslow bzw. Alderfer) der Mitarbeiterin besser befriedigt.

Da die Situation einzelner sich stets auch auf deren unmittelbares Umfeld auswirkt, bietet es sich an, auch ein Gespräch mit den unmittelbaren Kolleginnen und Kollegen von Frau Netter zu suchen.
Hiermit soll nicht nur die Situation auch von einer anderen Seite betrachtet werden, sondern es sollen damit auch die Auswirkungen und Wechselwirkungen aufgrund der Ereignisse sondiert werden. Die Erkenntnisse daraus können wiederum zur aktiven Motivationsförderung der Gruppe, und damit auch indirekt auf Frau Netter, und der Meinungsbeeinflussung / -korrektur genutzt werden.
Auch hier ist es (falls es den Tatsachen entspricht) sinnvoll, die Arbeitsplatzsicherheit zu bestätigen um Sicherheits- und Existenzbedürfnisse zu befriedigen.

Die Situation in der Abteilung bedingt außerdem eine weitere Beobachtung und ein feinfühliges Nachverfolgen zur Überwachen der Situationsverbesserung.

3.4.2 Allgemeine mittelfristige Handlungsempfehlungen
Nachfolgend werden Handlungsempfehlungen ausgesprochen, die sich sowohl auf die konkrete Situation, als auch auf das Unternehmen als Ganzes beziehen.

Um die Beziehungs- bzw. Zugehörigkeitsbedürfnisse der Abteilung zu stärken, wären Teambildungstrainings von Nutzen. Die damit erreichte Verbesserung der Befriedigung von Beziehungs- bzw. Zugehörigkeitsbedürfnisse (siehe Kapitel 2.2 bzw. 2.1) im Team, wird insgesamt zu einer Steigerung der Motivation führen.

Im Allgemeinen sollte zukünftig darauf geachtet werden, dass eine Arbeitssituation, wie sie bei Herrn Lehmann herrschte (zwei Arbeitsplätze mit zwei unterschiedlichen unabhängigen Bereichen und Vorgesetzten, Erfahrene ältere AN nicht an wesentlich jüngere AN berichten lassen, Herabstufung), vermieden wird, da diese aufgrund von unbefriedigten Hygienebedürfnissen (siehe Kapitel 2.4) unmittelbar zu einer Arbeitsunzufriedenheit führt.

Eine geschickte Zusammensetzung von Mitarbeitern, die nicht ausschließlich aufgrund von gleichen bzw. ähnlichen Arbeitsbereichen, sondern auch unter Beachtung der Persönlichkeitsprofile (ähnliche Interessen, Einstellungen, usw.) erfolgt, erhöht indirekt durch eine gesteigerte gegenseitige Motivation, in der Regel auch die Effektivität. Jedoch ist hier Fingerspitzengefühl gefragt, da sich dies in einigen Fällen auch in das Gegenteil verkehren könnte.

Des Weiteren bietet es sich vor allem im Zuge des Change Managements an, die Top-Down Informationsflüsse zu verbessern und die Mitarbeiter, wenn möglich, in geplante Änderungen besser mit einzubeziehen. Durch eine intensivere Kommunikationspolitik können Unsicherheiten vermieden werden und die Sicherheitsbedürfnisse besser befriedigt werden. Vor allem gilt dies für Mitarbeiter, die direkt von Änderungen betroffen sind oder betroffen sein werden.

Um frühzeitig Motivationseinbrüche bei Mitarbeitern und in Teams erkennen zu können, ist es wichtig, regelmäßig Mitarbeitergespräche zu führen. Dies gewährleistet auch, dass z. B. auf ähnliche zukünftige Situationen frühzeitig entgegengesteuert werden kann.

Regelmäßige Feedbacks (z. B. Lob für gute Arbeit) zeigen den Mitarbeiten, dass deren Leistung durchaus erkannt und anerkannt wird. Im Sinne der Zwei-Faktoren-

Theorie von Herzberg (siehe Kapitel 2.4) führt dies zu einer höheren Arbeitszufriedenheit.

Auch eine bessere monetäre und/oder nicht-monetäre Anerkennung von beruflicher Weiterbildungen, vor allem solcher, die der Mitarbeiter in seiner Freizeit erbringt, dient der besseren Befriedigung von Motivationsbedürfnissen (siehe Kapitel 2.4) und damit zu einer gesteigerten Arbeitszufriedenheit.

Schulungen für Frau Zettel und weitere Führungskräfte zum Thema Mitarbeiterführung/Mitarbeitermotivation sollen als Anstoß dienen, die Mitarbeiter in der Organisation in einem anderen Blickwinkel zu sehen. Speziell soll damit die Tendenz zur traditionell-hierarchischen Sichtweise, beschrieben in der Theorie X (siehe Kapitel 2.3.1), auf eine aufgeschlossenere Sichtweise im Sinne der Theorie Y nach McGregor (siehe Kapitel 2.3.2) gelenkt werden. Dadurch erhalten die Mitarbeiter eine entsprechende Motivation und sind eher bereit sich mit dem Unternehmen zu identifizieren und sich entsprechend dafür einzusetzen.

Größere Gehaltsunterschiede zwischen Mitarbeitern mit ähnlicher Position und Qualifikation, und ähnlichem Alter, sollten möglichst vermieden werden. Empfinden Mitarbeiter ihr Gehalt als zu gering, so wie es im Praxisbeispiel dargestellt wurde, so sollte ein Gehaltsvergleich mit Mitarbeitern aus ähnlichen Positionen, etc. erfolgen. Entsprechend muss anschließend eine Gehaltsanpassung erfolgen, oder Gründe, die gegen eine Gehaltsanpassung sprechen, offen mit dem Mitarbeiter kommuniziert werden, um Unzufriedenheit zu vermeiden.

Auch zur Thematik der internen Bewerbungen auf offene Stellen, empfiehlt sich eine Verbesserung der Vorgehensweise:
Der bisherige Vorgesetzte des internen Bewerbers, sollte erst dann über die erfolgte Bewerbung informiert werden, wenn die Stelle sicher mit diesem Bewerber besetzt werden soll. Anderenfalls könnte das zu einem Bruch der Mitarbeiter-Vorgesetzten Beziehung führen und die Befriedigung von Beziehungsbedürfnissen gefährden.
Mitarbeiter sollten generell zu internen Bewerbungen ermutigt werden, um gute und qualifizierte Mitarbeiter länger im Unternehmen halten zu können, und diesen eine angemessene Beförderung zu ermöglichen, was nach Herzbergs Theorie (siehe Kapitel 2.4) als Motivator zur Steigerung der Mitarbeiterzufriedenheit führt.

Anlagen

Bedürfnisse
nach Selbst-
verwirklichung

Bedürfnisse nach
Achtung

Bedürfnisse nach
Zugehörigkeit und Liebe

Sicherheitsbedürfnisse

Physiologische Bedürfnisse

Abbildung 1: Bedürfnishierarchie nach Maslow

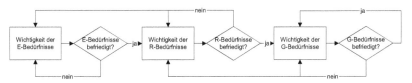

Abbildung 2: Bedürfnistheorie nach Alderfer (Jost 2008: 30)

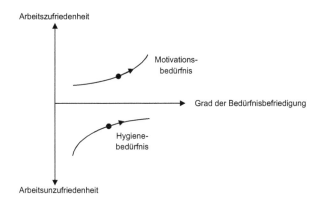

*Abbildung 3: Der Einfluss der Bedürfnisbefriedigung auf die Arbeitszufriedenheit
nach Herzberg (Jost 2008: 33)*

Literaturverzeichnis

Alderfer, C. P. (1972): Existence, Relatedness, and Growth: Human Needs in Organizational Settings. New York: Free Press

Jost, P.-J. (2008): Organisation und Motivation – Eine ökonomisch-psychiologische Einführung. 2., aktual. u. überarb. Aufl.; Wiesbaden: Gabler

Herzberg, F. et al. (1967): The motivation to work. 2., Aufl.; New York u. a.: Wiley

Maslow, A. H. (1989): Motivation und Persönlichkeit. Reinbek: Rowohlt

McGregor, D. (1973): Der Mensch im Unternehmen. 3. Aufl.; Düsseldorf, Wien: Econ

Neuberger, O. (1974): Theorien der Arbeitszufriedenheit. Stuttgart: Kohlhammer

Rosenstiel, L. von (1975): Die motivationalen Grundlagen des Verhaltens in Organisationen: Leistung & Zufriedenheit. Berlin: Duncker & Humbolt

Rosenstiel, L. von (2007): Grundlagen der Organisationspsychologie. 6., überarb. Aufl.; Stuttgart: Schäffer-Poeschel

Strunz, H. o. Jg. [nach 1993]: Betriebssoziologie/-psychologie. Studienbrief 1: Das Individuum. Studienbrief der Hamburger Fern-Hochschule.

Weiner, B. (1994): Motivationspsychologie. 3., unv. Aufl.; Weinheim: Beltz

Weinert, A. B. (2004): Organisations- und Personalpsychologie. 5., vollst. überarb. Aufl.; Weinheim, Basel: Beltz

Wermke, M. et al. (2005): Duden – Fremdwörterbuch. 8., neu bearb. u. erw. Aufl.; Mannheim, Leipzig, Wien, Zürich: Duden

Wikipedia – Die freie Enzyklopädie (2009): Motivation. Online im Internet: „URL: http://de.wikipedia.org/wiki/Motivation [Stand: 15.12.2009]"